古里再発見・1

岡山でみた野鳥

中塚通孝写真集

朝の挨拶
スズメ〔久米南町・誕生寺　1998年7月〕

勇姿
ソウゲンワシ〔鏡野町・恩原高原　1999年2月〕

雨上がり
ホオジロ〔岡山市・あべ池　1999年3月〕

寒空
ノスリ〔笠岡市・笠岡湾干拓地　2000年1月〕

冬の晴れ間に
アトリ〔鏡野町奥津　2000年2月〕

春近し
オオジュリン〔岡山市・岡南飛行場付近　2000年3月〕

芽吹く頃

オオルリ〔鏡野町・森林公園　2000 年 5 月〕

育む季節
コゲラ〔鏡野町・森林公園　2000年6月〕

早春の庭
ヒヨドリ〔津山市河辺　2000年2月〕

陽が沈む頃
フクロウ〔岡山市御津町　2000年11月〕

師走の風
チュウヒ〔笠岡市・笠岡湾干拓地　2000年12月〕

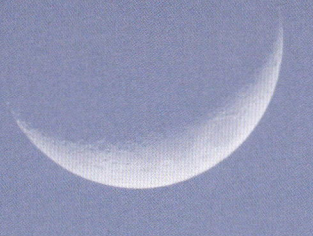

冬晴れ
カルガモ〔高梁市備中町　2001年1月〕

なんだろうな？
ヤマガラ〔鏡野町奥津　2001年3月〕

昇陽に飛ぶ
クマタカ〔西粟倉村・大茅スキー場付近　2001年4月〕

風格
ハヤブサ〔真庭市落合町　2001年5月〕

紅に染まる
サンコウチョウ〔備前市・閑谷学校付近 2001年6月〕

夏の瀬
イソシギ〔津山市・吉井川　2001年7月〕

孤独な朝
ゴイサギ〔美作市林野　2001 年 10 月〕

捕る
ミサゴ〔倉敷市・霞橋付近　2001年10月〕

潮ゆれて
カンムリカイツブリ〔瀬戸内市・錦海湾　2002年2月〕

冬の朝
ヒドリガモ〔笠岡市・笠岡湾干拓地　2002年3月〕

幸のうた
カワガラス〔吉備中央町・鳴滝森林公園　2002年4月〕

深山の美声

ミソサザイ〔鏡野町・森林公園　2002年5月〕

初夏の月
ヒバリ〔岡山市・岡南飛行場付近　2002年5月〕

王者の眼

オオタカ〔鏡野町奥津　2002年6月〕

渓流の朝
ウグイス〔西粟倉村・大茅スキー場付近　2002 年 3 月〕

光る水面
ケリ〔玉野市七区　2002年8月〕

早春譜
アオジ〔岡山市御津町　2003年3月〕

冬陽
ハイタカ〔岡山市・金甲山　2002 年 12 月〕

冬空
キンクロハジロ〔笠岡市・笠岡湾干拓地　2003 年 1 月〕

漁終えて
カワウ〔岡山市・百間川河口　2003 年 3 月〕

恋する頃
オオヨシキリ〔岡山市・岡南飛行場付近　2003年4月〕

森の春
キビタキ〔鏡野町・森林公園　2003年5月〕

夏盛り
ゴジュウカラ〔真庭市・蒜山　2003年7月〕

待つ雛ら
アカゲラ〔真庭市・蒜山　2003年7月〕

一休み
キジバト〔井原市矢掛町　2003年10月〕

川霧の中で
オシドリ〔岡山市・宇甘渓　2004年3月〕

漁場

ヤマセミ〔真庭市富村　2004年3月〕

早春点描
カワラヒワ〔笠岡市・笠岡湾干拓地　2004年4月〕

堤寸景
セグロセキレイ〔津山市・吉井川　2004 年 5 月〕

草原の散歩
タゲリ〔岡山市・岡南飛行場　2004年4月〕

森の夜勤者
アオバズク〔津山市・長法寺　2004年7月〕

朝露
キジ〔岡山市御津町　2004 年 7 月〕

夕陽の水面
バン〔岡山市一宮　2004年10月〕

雪に遊ぶ
オオマシコ〔鏡野町奥津　2005年1月〕

冬湖の午後
カモ〔岡山市・児島湖　2005年2月〕

朝焼け
ミヤマホオジロ〔鏡野町奥津　2005年4月〕

門先のもず
モズ〔総社市・備中国分寺付近　2005年3月〕

森の朝食
イカル〔鏡野町・森林公園　2005年5月〕

干潟の景

ヒクイナ〔岡山市・あべ池　2006 年 7 月〕

木陰に憩う
アオサギ〔津山市・吉井川　2006年8月〕

晴れた日に
カッコウ〔真庭市・蒜山　2006年9月〕

集いて
ツグミ〔美作市田殿　2006年3月〕

営巣序曲
ブッポウソウ〔吉備中央町豊岡　2006年7月〕

夏空

カケス〔鏡野町・森林公園　2006 年 8 月〕

月を眺めて
ヒレンジャク〔津山市河辺　2006年11月〕

小雪舞う
コミミズク〔岡山市・児島湖　2006年12月〕

水模様
ヘラサギ〔岡山市・あべ池　2007 年 3 月〕

急ぐ影
アオアシシギ〔岡山市・あべ池　2007 年 5 月〕

一日の終り
セイタカシギ〔玉野市七区　2007 年 3 月〕

春陽残照
ソリハシシギ〔岡山市・あべ池　2007年4月〕

蔓木点描
メジロ〔岡山市・後楽園　2006 年 10 月〕

緑陰

クロツグミ〔鏡野町・森林公園　2007年7月〕

さくらに舞う
トビ〔津山市・鶴山公園上空　2007年4月〕

絆
ツバメ〔久米南町・誕生寺　2007年6月〕

ひつじ草咲くころ
カワセミ〔岡山市・龍泉寺　2007年9月〕

夏の親子

カイツブリ〔岡山市・龍泉寺　2007 年 7 月〕

蓮池に遊ぶ
チュウサギ〔津山市瓜生原　2007年7月〕

小さな命へ

中塚通孝写真集に寄せて ―― 柳生尚志

中塚さんの写真集「岡山でみた野鳥」はいわゆる鳥類図鑑的な写真集ではない。全部で68の鳥が撮影されているがクローズアップの写真は数葉しかない。すべて自然の中で暮らす野鳥の生態が四季の自然とともに写されている。

いうまでもないが鳥たちは自然環境に恵まれたところでないと生活できない。この写真集は表題の通り、撮影地は岡山県内に限られているから、県内にも豊かな自然が残され、守られている場所があることを告げ、そのガイドブックにもなっている。その意味では「古里再発見」の書でもある。

中塚さんはこれまで人物のしぐさを巧みに捉え、社会派的写真やポートレート写真に腕も振るってきた。

野鳥を追う中塚さんはあまり知られていない。それは技術はもちろんだが、根気と体力、一瞬のチャンスを逃さないセンスが求められる仕事である。

こうして出来上がった写真集を見ると、対象の鳥たちを見つめる写真家の優しいまなざしが伝わってくる。

鳥たちも心を許している。

小さな命を自然のままで守りたい、そんな祈りが伝わってくる珠玉の写真集である。

（美術ジャーナリスト）

作品の解説

22 ヒドリガモ（笠岡市・笠岡湾干拓地）
カモ目カモ科。雄は赤褐色の頭部の中央が白く抜けている。海岸、湖沼、河川で暮らし、数百羽の大群になることもある。日中は休み、夕方に餌を探す。

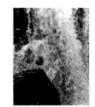

23 カワガラス（吉備中央町・鳴滝森林公園）
スズメ目カワガラス科。全身が濃い茶色で、遠くからはカラスに見えることからこの名がついた。スズメ目の中で唯一、水中に潜れる。川面を低い位置で飛翔する。

24 ミソサザイ（鏡野町・森林公園）
スズメ目ミソサザイ科。全長11センチの小さな鳥だが体に似合わず大きな美しい声でさえずる。動きは敏捷で昆虫類を捕らえる。棲息地は林や渓谷沿いの山地。

25 ヒバリ（岡山市・岡南飛行場付近）
スズメ目ヒバリ科。草地や農耕地を好み、地面を歩きながら草の実や昆虫を探す。スズメよりやや大きい程度だが足が長い。空高くさえずるのは繁殖期の雄のなわばり宣言。

26 オオタカ（鏡野町・奥津）
タカ目タカ科。森のタカである。殿様の鷹狩りはこのオオタカが使われていた。巣はアカマツなど針葉樹につくることが多い。林の間を縫うように飛ぶ。民家のガラス戸に激突、捕獲された。

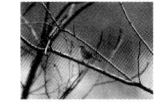

27 ウグイス（西粟倉村・大茅スキー場）
スズメ目ウグイス科。春を告げる鳥として、その「ホーホケキョ」の鳴き声で親しまれている。ササやぶを好み、昆虫を食べるが市街地にも現れる。ウグイス色といわれるが実際は灰黄色、腹は白である。

28 ケリ（玉野市七区）
チドリ目チドリ科。ケリルと鳴くのでこの名前が付いた。警戒心が強く、なわばりに近づく敵を集団で追い払う。全長36センチで、日本で見られるチドリとしては最大。

29 アオジ（岡山市御津町）
スズメ目ホオジロ科。つがいになると雄は盛んにさえずる。高原の歌い手といわれるほどに。藪があれば市街地にも姿を見せる。写真は雌で全体に淡い色をしている。首の部分が黄色い。雄は頭部が黒い。

30 ハイタカ（岡山市・金甲山）
タカ目タカ科。幅の広い割に翼が短く急旋回が得意である。林の中を自由に飛び回り、鳥やネズミなどの獲物を捕らえる。夕焼けの空を飛翔する姿は美しい。

31 キンクロハジロ（笠岡市・笠岡湾干拓地）
カモ目カモ科。海ガモである。黒い顔に黄色の目が特徴。潜水が得意でかなり深く潜水して貝や小魚を食べる。写真は雄で腹が白い。メスは全体が黒褐色である。

12 チュウヒ（笠岡市・笠岡湾干拓地）
タカ目タカ科。池・沼などの湿原地に棲息する。トビより小さいがV字型に翼を保ち、グライディングを繰り返し、草原を低く飛ぶ。ネズミ類を中心に食べる。

13 カルガモ（高梁市備中町）
カモ目カモ科。淡水カモの一つ。適応性が強く山間や市街地でも棲むことができる。日中は休み、夕方から活動する。子育ては雌だけで行う。親子が行進する光景はよく被写体になるが飛翔する姿は珍しい。

14 ヤマガラ（鏡野町奥津）
スズメ目シジュウカラ科。腹が赤くレンガ色をしている。林に棲み、昆虫類や木の実を食べるが、土中に木の実を蓄えたりする。群はつくらず、つがいで暮らす。珍しくカメラマンの傍までやってきた。

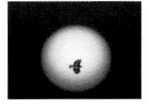

15 クマタカ（西粟倉村・大茅スキー場付近）
タカ目ハヤブサ科。翼の幅が広く膨らみ、尾が長く、紋様が美しい。昼行性で、飛翔している姿を見ることが多い。真っ赤な太陽とクマタカの見事な構図である。

16 ハヤブサ（真庭市落合町）
タカ目ハヤブサ科。猛禽類だが目がかわいい。時速100キロの速さで飛べる。民家のガラス戸にぶつかり、脳しんとうを起こし、失神したところを捕獲された。断崖に棲み、海岸や河川付近でも見られる。

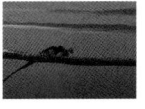

17 サンコウチョウ（備前市・閑谷学校付近）
スズメ目カササギヒタキ科。月・日・星の三光鳥の名がついたが、命名はフィチフィチフィホイホイホイの鳴き声からきている。雄は尾が長く全長45センチにもなるが雌は尾が短く18センチ。棲息地は暗い林で木の枝に椀型の巣をつくる。

18 イソシギ（津山市・吉井川）
チドリ目シギ科。全長20センチ。海岸や河川、沼、干潟などに現れる。尾を上下に振りながら歩き、昆虫を捕らえる。岸辺の草地を掘り、草を敷いて巣をつくる。雌雄で抱卵する。

19 ゴイサギ（美作市林野）
コウノトリ目サギ科。後頭部に白くて長い冠羽が2本ある。目は赤い。夜行性で昼間は茂みで休み、夕方から動き出し、魚やザリガニなどを捕らえる。

20 ミサゴ（倉敷市・霞橋付近）
タカ目タカ科。雄55センチ、雌64センチの大型のタカである。水面を高く飛びながら魚の獲物を捜し、狙いをつけると足から飛び込んで捕らえる。岩や木の上に運んで食べる。トビに似ているが頭が白いので見分けがつく。

21 カンムリカイツブリ（瀬戸内市・錦海湾）
カイツブリ目カイツブリ科。黒い頭に冠羽がある。首も長くカイツブリの中ではいちばん大きい。早春につがいをつくるが雌雄が向かい合って水上に直立、草をくわえて頭を振る「求愛ダンス」が有名。

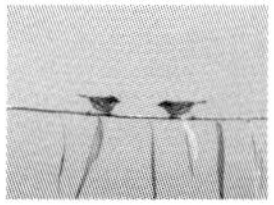

2 スズメ（久米南町・誕生寺）
スズメ目ハタオリドリ科。人と共に暮らす鳥。人家の周りに巣をつくり群れをなして棲息するため、昔から人々に親しまれ、和歌や俳句、唱歌に詠まれる。二羽が向かい合い、語り合っているような微笑ましいショット。

3 ソウゲンワシ（鏡野町・恩原高原）
タカ目タカ科。ソウゲンワシは本州ではほとんど見ることがない。貴重な撮影である。ワシ・タカ類は世界に分布するが、一般に体の大きいものをワシ、中、小型タカと呼んでいる。主に冬鳥である。

4 ホオジロ（岡山市・あべ池）
スズメ目ホオジロ科。白と黒の顔の特徴（雄）から頬白と名付けられた。雌は茶色。鳴き声も「一筆啓上仕り候」とか「源平ツツジ白ツツジ」とか聞こえるという。

5 ノスリ（笠岡市・笠岡湾干拓地）
タカ目タカ科。ずんぐりした体型が優しい目をしている。翼は幅広い。農耕地など開けた場所を好み、停空飛翔してネズミ、ヘビ、カエルなどの獲物を捜す。空を舞う姿は悠然としているところから、雄姿と讃えられる。

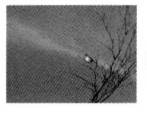

6 アトリ（鏡野町・奥津）
スズメ目アトリ科の冬鳥。冬から春先にかけては水田などで群れをなす。地面を跳ね歩いて木の実などを捜し、いっせいに飛び立って旋回する。

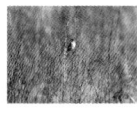

7 オオジュリン（岡山市・岡南飛行場付近）
スズメ目ホオジロ科。主に湿原を好んで棲息する。アシ原など茎の上を移動して昆虫を捜す。春先、まだ枯れ草の野原に自然と溶け込むように佇んでいる。

8 オオルリ（鏡野町・森林公園）
スズメ目ヒタキ科。全長は16センチぐらい。声の美しいことで知られ、ウグイスやコマドリと並んで愛でられる。雌は茶褐色だが雄は美しい瑠璃色である。林に棲み、フライングキャッチで餌を捉える。

9 コゲラ（鏡野町・森林公園）
キツツキ目キツツキ科。全長15センチぐらいの小さなキツツキである。白と黒のまだら模様。幹の下から上へと移動しながら昆虫類を探し、巣もつくる。ギィと鳴く声に特色がある。

10 ヒヨドリ（津山市河辺）
スズメ目ヒヨドリ科。全長28センチと大きい。頬が赤く頭はボサボサしている。市街地の樹木で木の実や花の蜜を食べる。和名は鳴き声からの命名でピーヨという。

11 フクロウ（岡山市御津町）
フクロウ目フクロウ科。夜行性の鳥。平たい顔の前面に目が並び、哲学者のような思索する表情をしている。鳴き声は「五郎助奉公」と聞こえるという。主にネズミを食べる。樹の洞に巣をつくり、3〜4個の卵を産み、抱卵して育てる。

69

作品の解説

51 カッコウ（真庭市・蒜山）
カッコウ目カッコウ科。和歌山などでホトトギスと呼ばれる鳥である。夏日本に渡来し、オオヨシキリなど他の鳥に托卵することで知られている。夜明けの声を聞くのが貴重とされた。ほととぎす鳴きつる方をながむればただ有明の月ぞ残れる（後徳大寺左大臣）

アオサギ（津山市・吉井川）
コウノトリ目サギ科。全長93センチ。日本のサギ科の中ではいちばん大きい。待ち伏せして餌を捕らえるが、直線状に体を立てて枝に止まっている姿は「絵」になっている。

52 ツグミ（美作市田殿）
スズメ目ツグミ科。9月中旬に渡来し5月ごろまで見られる。木の実を好んで食べるのが、実のある木に群がっている。北へ帰る日が近いのだろう。落葉の中、彼方を見つめている。

53 ブッポウソウ（吉備中央町豊岡）
ブッポウソウ目ブッポウソウ科。全長30センチ。嘴と足は赤、頭は黒、そして体は青緑色と姿のよい鳥である。見晴らしのよいところに止まるが、この写真も夏雲を背に、かれん容姿を見せている。ブッポウソウと鳴くといわれてきたが、実際はゲッとかギュウッと鳴く。

54 カケス（鏡野町・森林公園）
スズメ目カラス科。ごま塩頭が特徴。しわがれた声でジイ、ジェーと鳴く。木の実を貯える習性があり、のど袋に入れて運び、地面に埋める。

55 ヒレンジャク（津山市河辺）
スズメ目レンジャク科。冬鳥として渡来する。小太りの鳥が冠羽を持ち、翼には白い斑点、尾先は緋色とカラフルである。市街地の住宅のアンテナに止まり休息している。

56 コミミズク（岡山市・児島湖）
フクロウ目フクロウ科。羽角が短く、小耳の名がついた。湿った草原を好み、夕暮れから活動する。冬の枯野に佇む姿は興趣をそそる。

57 ヘラサギ（岡山市・あべ池）
コウノトリ目サギ科。沼地、水田、干潟などに棲息。泥の中の小動物を食べる。冬鳥として渡来するが定期的な渡来地はない。水面がつくる抽象的文様に一本足で立つ姿を撮った。

58 アオアシシギ（岡山市・あべ池）
チドリ目シギ科。海に近い池や沼にやってくる渡り鳥。忙しく動き回り群だが、この写真は珍しく一羽だけ遊びに出たのだろうか。

59 セイタカシギ（玉野市七区）
チドリ目シギ科。長い足を持つため、ほかのシギでは捕れない深い水中に入り、小魚を捕えることができる。つがいや親子など、家族単位で過ごす。

41 タゲリ（岡山市・岡南飛行場）
チドリ目チドリ科。冠羽が特徴の大型チドリ。水田跡や湿地を好み、ミミズ類を探して食べる。警戒心が強く、近づくとキュウ、ミュウと猫に似た声を出して飛び去る。

42 アオバズク（津山市・長法寺）
フクロウ目フクロウ科。青葉の時期によく目にするのでこの名がある。フクロウ特有の顔盤がなく、黄色の目が特徴。神社や寺の森などでホッホウと鳴いている。

43 キジ（岡山市御津町）
キジ目キジ科。日本の国鳥に選定されている。写真のように雄は顔が赤く首が青、胸から下が赤色になり尾が長く、美麗である。これに比べ、雌は淡褐色で尾も短く、地味である。低木林や草原に住む。

44 バン（岡山市一宮）
ツル目クイナ科。顔は赤く、嘴の先は黄色。湖沼や河川の浅瀬で昆虫類や木の実などを探して食す。警戒心が強い。カメラの視線を気にしたのだろうか、こちらに顔を向けた。

45 オオマシコ（鏡野町奥津）
スズメ目アトリ科。雪景色に紅色が映えている。冬鳥なので本州の中部以北に棲み、西日本では珍しい。雄は紅色が濃いが、雌は淡い紅色である。

46 カモの大群（岡山市・児島湖）
カモ目カモ科。水鳥のうち、比較的小型の水鳥をカモと総称する。日本には秋、北から渡来し、春に帰るものが多い。児島湾での大群は圧倒される。

47 ミヤマホオジロ（鏡野町奥津）
スズメ目ホオジロ科。落陽の中、枝に止まり、冠羽を立てている。小さな群れをつくって行動するが、驚くと飛び立ち、枝に移る。黒と黄色のコンビ模様が印象的な小鳥である。

48 モズ（総社市・備中国分寺付近）
スズメ目モズ科。百舌と書くのはいろいろな鳥の鳴き声を真似するからである。枝に止まり、地上を見張り鋭い嘴で、昆虫やカエルなどの獲物を捕らえる。捕獲した獲物を小枝に刺す「はやにえ」は秋に行う。

49 イカル（鏡野町・森林公園）
スズメ目アトリ科。黄色の大きな嘴が特徴。この嘴で木の実を割って食べる。雌雄が餌を与え合う求愛給餌はアトリ科の習性。

50 ヒクイナ（岡山市・あべ池）
ツル目クイナ科。夏鳥。アシ原や湿地に潜んでいることが多い。体太め。体の割には足が長く、一見すると赤っぽく見える。短い翼を羽ばたいて飛ぶがスピードは出ない。

32 カワウ（岡山市・百間川河口）
ペリカン目ウ科。河川や湖沼、池などに棲む。全長は81センチとかなり大きい。足には水かきがあり、泳ぎも得意である。仲間と編隊を組んで飛ぶため雁と間違うこともある。夕焼けの空に叫んでいるように見えるが羽根を乾かしているのである。

33 オオヨシキリ（岡山市・岡南飛行場付近）
スズメ目ウグイス科。草原の鳥である。繁殖期になると雄はギョギョギョ、ギョギギ、ギョギチと鳴きながら上昇下降を繰り返し雌を誘う。カッコウに托卵されることがある。

34 キビタキ（鏡野町・森林公園）
スズメ目ヒタキ科。美しい色彩にさえずりで人気の鳥である。顎から腹にかけての鮮やかな黄色は雄である。雌は全体にオリーブ色の褐色。繁殖期には市街地に姿を見せることもある。美しいキビタキを見つけると幸せな気分になる。

35 アカゲラ（真庭市・蒜山）
キツツキ目キツツキ科。嘴（くちばし）で木を叩いて昆虫を食べる。背からみると黒っぽいが前から見ると下腹部が赤く美しい。雄は後頭部が赤い。雌雄が交代で抱卵し、ヒナを育てる。

ゴジュウカラ（真庭市・蒜山）
スズメ目ゴジュウカラ科。頭を下にした独特のポーズである。これは幹を回りながら降りる動きである。そのため別名「木回り」という。巣はキツツキなどの古巣を利用する。

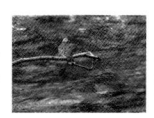

36 キジバト（井原市矢掛町）
ハト目ハト科。市街地や公園などでみかけるハトである。地上を歩き木の実を食べる。首に黒いストライプ、背中は赤褐色と黒のうろこ模様。よく眺めると意外におしゃれである。

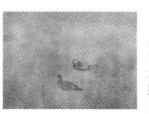

37 オシドリ（岡山市・宇甘渓）
カモ目カモ科。越冬中につがいとなり、産卵が終わると解消する。鴛鴦の契りなど、仲のよい夫婦の例えにされるが、これはつがいで一緒にいる習性があるからである。雄の華麗な色彩に比べ、雌は地味である。この写真はもやが立ち込めた中、日本画のような質感を出している。

38 ヤマセミ（真庭市富村）
ブッポウソウ目カワセミ科。黒と白のまだら模様で冠羽が逆立ちよく目立つ鳥のようだが、実際は木漏れ日では目立ちにくい。自然の景観に巧みに溶け込み保護色となっている。大きさは38センチ、水中にも飛び込み、大きな魚も捕らえる。

39 カワラヒワ（笠岡市・笠岡湾干拓地）
スズメ目アトリ科。農耕地などに数10羽から数100羽の群れで暮らす。大きな実は嘴で割って食べる。飛翔すると翼と尾の黄色が目立つ。

40 セグロセキレイ（津山市・吉井川）
スズメ目セキレイ科。顔から尾羽も中心は黒いが腹と外側は白い。写真のように河川で波状飛行をしながら昆虫を探す。尾を上下に動かしているのでオビンコの呼び名がある。

70

発刊に寄せて

中塚通孝

この度、写真の人生に実りある形にと思い、出版を考えるようになりました。

思えばハーフカメラに始まり、五十七年の歳月が過ぎてしまいました。人物・風景・植物・祭り・また海外へと写真の旅を続けていましたが、ある時、感動のある被写体「岡山で生きる野鳥達」に出合いました。

鳥たちの生活をレンズを通してみつめ、人間との関わりを記録することは、環境問題なども含め学ぶことの大きい点に驚いております。

その中で、私なりの経験と知識で感動と出合いを求めた撮影に努力して参りました。本書ではその成果を見て頂きたく存じます。

出版に際し、人見文男氏ご夫妻、村上義徳氏、柳生尚志氏に、格別のご尽力を賜り、更に諸先輩、写友の皆様方にお力添え頂きましたこと、心からお礼申し上げます。

合掌

平成十九年十月吉日

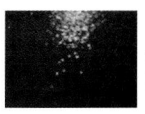

---

60 ソリハシシギ（岡山市・あべ池）
チドリ目シギ科。小走りに歩いて食物を探す。上に反った嘴を泥に突き刺し、感触で獲物を捜す。ピィピィピィと笛のように鳴く。

61 メジロ（岡山市・後楽園）
スズメ目メジロ科。目の回りが白いのでこの名がついた。昆虫や花の蜜を求めて市街地に現れることもあるが地上には降りない。つがいで過ごし、育ったヒナは数羽が押し合うようにして小枝に並ぶので「目白押し」という言葉が生まれた。

62 クロツグミ（鏡野町・森林公園）
スズメ目ツグミ科。主に中国地方の一部に繁殖する分布の狭い鳥である。さえずりが美しく大きな声で鳴く。梢の先に止まっているが食物を探すときは地上に降りる。

63 トビ（津山市・鶴山公園上空）
タカ目タカ科。翼を水平に保って悠々と市街地の空を飛ぶトビ。地上から見かけることは多いが、この写真のように旋回する姿を上から見ることはめったにない。雄は全長59センチ、雌の方が大きい。

64 ツバメ（久米南町・誕生寺）
スズメ目ツバメ科。春先、人家の軒に巣をつくり、ヒナを育てる。巣は泥と枯れ草で1週間ぐらいでつくる。低空を飛び、急旋回をしながら昆虫を捕らえる。繁殖後はアシ原などで群れて過ごす。温かい地方で越冬する。

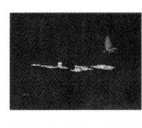

65 カワセミ（岡山市・龍泉寺）
頭から背中にかけてコバルトブルー、翼を広げるとオレンジ、「飛ぶ宝石」と愛でられる。停空飛行しながら水に飛び込み、魚を捕らえる。雄は捕った餌を雌に贈り、求愛する。

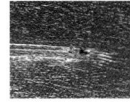

66 カイツブリ（岡山市・龍泉寺）
カイツブリ目カイツブリ科。足にヒレがあり、水に潜って小魚などの餌を捕らえる。夏羽の顔は黒く、首の周りは赤褐色。幼鳥は白と黒の縞模様。親子で仲良く遊泳している。

67 チュウサギ（津山市瓜生原）
コウノトリ目サギ科。全長68センチ、中型のシラサギでチュウサギである。首も足も長いが嘴は短い。浅い水辺を好む。夏鳥として本州の南部に渡来する。

（図版解説・柳生尚志）
★参考文献＝吉野俊幸「野鳥」（山と渓谷社）★鳥630図鑑（日本鳥類保護連盟）

シリーズ古里再発見・1

岡山でみた野鳥　－中塚通孝写真集－

2007年11月11日　発行
写真　中塚通孝
解説　柳生尚志
企画・編集　人見写真事務所
　　　　　〒700-0807　岡山市南方4丁目5-26
　　　　　電話086-222-4540（ファクス兼用）
発行者　中塚通孝
　　　　〒708-0842　津山市河辺1679-1
　　　　電話0868-26-2640
発売所　吉備人出版
　　　　〒700-0823　岡山市丸の内2丁目11-22
　　　　電話086-235-3456　ファクス086-234-3210
　　　　ホームページhttp：//www.kibito.co.jp
　　　　Eメール　mail：books@kibito.co.jp
デザイン　村上デザイン事務所
印　刷　株式会社三門印刷所
製　本　日宝綜合製本株式会社
©2007　Michitaka NAKATSUKA , Printed in Japan

本書の無断転載・複製はお断りします。
乱丁本、落丁本はお取り替えいたします。ご面倒ですが小社までご返送ください。
定価はカバーに表示しています。
ISBN978-4-86069-186-8　C0072

中塚通孝（なかつか・みちたか）
写真家集団北斗星会長、未来写真会会長、「岡山写真界の記録」実行委員会委員長

1933年6月7日	岡山県津山市生まれ。
1951年	フジノンハーフカメラで始める。
1975年	「やよい写友クラブ」会長（3年間）
1976年	フジカラー撮影会特選受賞
1983年	女性写真研究会「きさらぎ」会長（18年間）
1986年	県北写真連盟会長（2年間）
1993年	岡山写真家集団委員長（2年6カ月）
1994年	『まなざし岡山』（山陽新聞社・岡山写真家集団＝刊）岡山写真家集団公募展・岡山写真家集団賞1席受賞
1995年	コンタックス撮影会京セラ推薦受賞
2000年	日本写真家協会会員
2003年	県北写真連盟審査員特別賞受賞
2004年	岡山県美術家協会会員
2005年	県北写真連盟会長賞1席受賞、岡山県美術展覧会、岡山県勤労者美術展覧会入選
2006年	「夫婦で一歩」（夫婦写真展開催）岡山県天神山文化プラザに写真家集団北斗星の会員と共に「現代の匠」写真作品を寄贈
2007年10月	山陽新聞さん太ギャラリーで初個展『岡山でみた野鳥－中塚通孝写真集－』（吉備人出版）刊行

写歴57年　津山市河辺在住